红袋鼠物理千千问

没有升力的飞行：
空气动力学 ⑧

[加拿大] 克里斯·费里 著/绘　刘志清 译

中国少年儿童新闻出版总社
中国少年儿童出版社
北　京

作者简介 ··

　　克里斯·费里，加拿大人。80后，毕业于加拿大名校滑铁卢大学，取得数学物理学博士学位，研究方向为量子物理专业。读书期间，克里斯就在滑铁卢大学纳米技术研究所工作，毕业后先后在美国新墨西哥大学、澳大利亚悉尼大学和悉尼科技大学任教。至今，克里斯已经发表多篇有影响力的权威学术论文，多次代表所在学校参加国际学术会议并发表演讲，是当前越来越受人关注的量子物理学领域冉冉升起的学术新星。

　　同时，克里斯还是4个孩子的父亲，也是一名非常成功的少儿科普作家。2015年12月，一张Facebook（脸书）上的照片将克里斯·费里推向全球公众的视野。照片上，Facebook（脸书）创始人扎克伯格和妻子一起给刚出生没多久的女儿阅读克里斯·费里的一本物理绘本。这张照片共收获了全球上百万的赞，几万条留言和几万次的分享。这让克里斯·费里的书以及他自己都受到了前所未有的关注。

　　扎克伯格给女儿阅读的物理书，只是作者克里斯·费里的试水之作。2018年，克里斯·费里开始专门为中国小朋友做物理科普。他与中国少年儿童新闻出版总社全面合作，为中国小朋友创作一套学习物理知识的绘本——"红袋鼠物理千千问"系列。

红袋鼠说："火箭没有翅膀。它的升力从哪里来呢？也许这支火箭根本飞不起来。"

克里斯博士说："如果我告诉你火箭没有升力也能飞行，你相信吗？它们只需要推力就可以了。如何让火箭飞起来，也是一门科学——**火箭科学！**"

红袋鼠说:"没有升力?我知道有机翼才能有升力,但是火箭没有任何机翼。所以,它是怎么飞起来的呢?"

克里斯博士说:"这里有一个很巧妙的原理!"

红袋鼠说："但是我不明白为什么火箭不使用升力呢？升力真的是太神奇了！"

克里斯博士说："火箭在太空中根本无法使用升力，你知道这是为什么吗？"

9

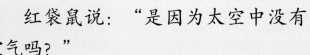

红袋鼠说："是因为太空中没有空气吗？"

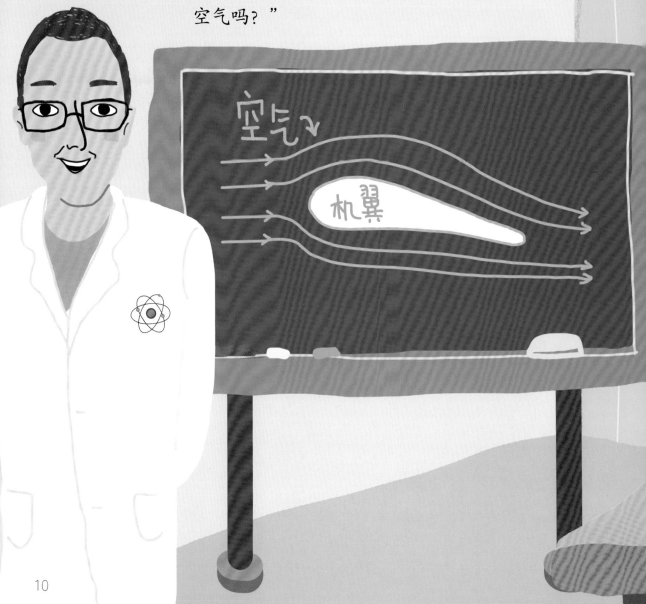

10

　　克里斯博士说："你说对了！我们知道，流体从机翼周围流过时才会产生升力。但是太空中没有空气，所以火箭科学家们需要找到一种新的飞行方法。"

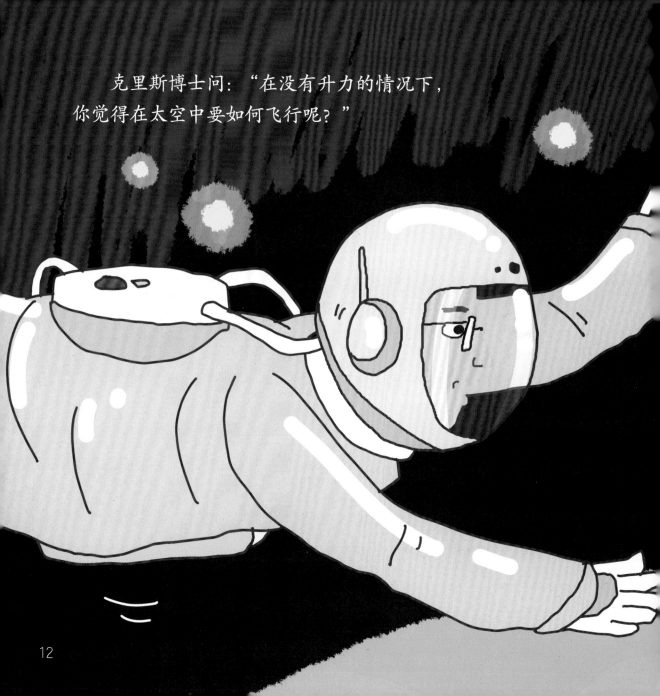

克里斯博士问："在没有升力的情况下，
你觉得在太空中要如何飞行呢？"

红袋鼠想了想，说："我记得牛顿第一定律告诉我们，需要力才能运动起来，克里斯博士！"

克里斯博士说："没错，那你还记得牛顿第三定律吗？它告诉我们，每一个力都有一个反作用力。这个定律该如何应用呢？"

红袋鼠说:"当我们用力把一些东西推开时,我们自己也会朝着相反方向运动。"

克里斯博士说："火箭不停地推动流体通过喷嘴，就可以持续地产生作用力与反作用力，到达遥远的地方！已经在太空中待了许多年的宇宙飞船，只要还可以推动流体，仍然可以运动。"

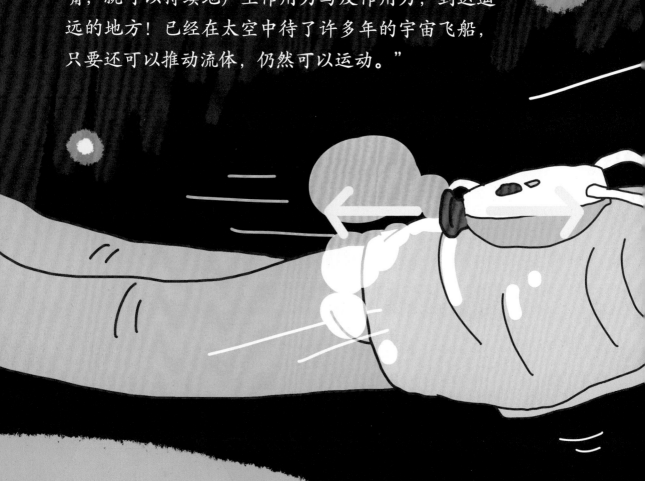

18

克里斯博士又说："热气球也不是利用机翼产生升力的，但它的升力来源与推动火箭发射的推力也不一样。"

红袋鼠说："我记得，热气球是通过加热球内的空气，使空气膨胀后，热气球的浮力大于自身重力，才会升上天空的。"

克里斯博士说："对于火箭来说，喷出的物质越多，推力就越大；喷出物质的速度越快，推力也会越大。"

红袋鼠问："我们怎样才能让物质快速地喷出去呢？"

克里斯博士回答说："可以通过化学反应导致的爆炸来实现。"

23

克里斯博士接着说："火箭内部装有燃料。燃料发生化学反应时，会在短时间内产生压力非常大的气体。"

红袋鼠说："压力会将产生的气体喷出来。"

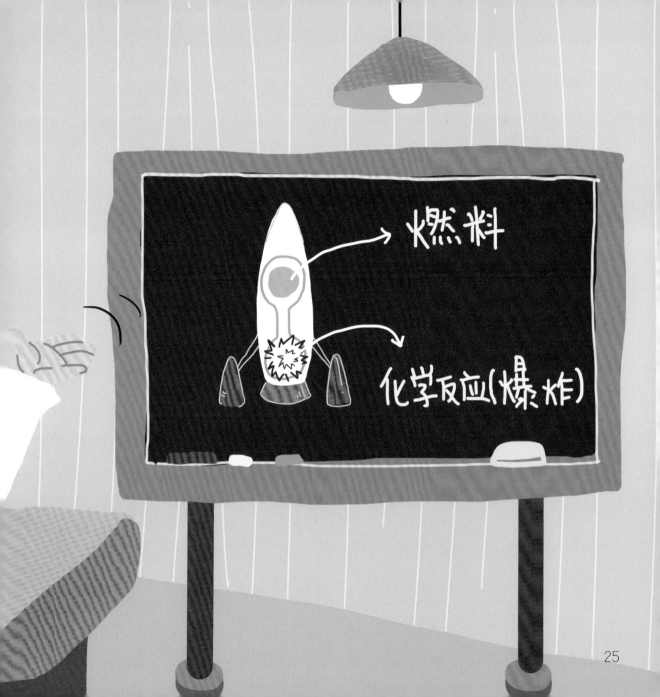

克里斯博士说：
"当气体从火箭下方
喷出来时——"

红袋鼠抢着说："牛顿第三定律把火箭推起来了！"

28

红袋鼠说："太空中没有升力。但是火箭仍然能进入轨道，飞向月球甚至其他行星，这真是了不起的设计！"

版权合作方： 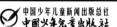 澳大利亚米酷传媒

图书在版编目（CIP）数据

空气动力学. 8，没有升力的飞行 ／（加）克里斯·费里著绘 ； 刘志清译. — 北京 ：中国少年儿童出版社，2019.12
　　（红袋鼠物理千千问）
　　ISBN 978-7-5148-5748-1

　　Ⅰ．①空… Ⅱ．①克… ②刘… Ⅲ．①空气动力学—儿童读物 Ⅳ．①V211-49

中国版本图书馆CIP数据核字(2019)第228732号

审读专家：高淑梅 江南大学理学院教授，中心实验室主任

HONGDAISHU WULI QIANQIANWEN
MEIYOU SHENGLI DE FEIXING:KONGQIDONGLIXUE 8

出 版 发 行： 中国少年儿童新闻出版总社
　　　　　　　中国少年儿童出版社

出 版 人：孙 柱
执行出版人：张晓楠

策　　划：张 楠	审　　读：林 栋 聂 冰
责任编辑：徐懿如 郭晓博	封面设计：马 欣 姜 楠
美术编辑：姜 楠	美术助理：杨 璇
责任印务：刘 澂	责任校对：颜 轩

社　　址：北京市朝阳区建国门外大街丙12号	邮政编码：100022
总 编 室：010-57526071	传　　真：010-57526075
发 行 部：010-59344289	
网　　址：www.ccppg.cn	电子邮箱：zbs@ccppg.com.cn

印　　刷：北京尚唐印刷包装有限公司

开本：787mm×1092mm 1/20	印张：2
2019年12月北京第1版	2019年12月北京第1次印刷
字数：25千字	印数：10000册
ISBN 978-7-5148-5748-1	定价：25.00元

图书若有印装问题，请随时向本社印务部（010-57526183）退换。